职业教育测绘类专业"新形态一体化"系列教材

# 工程测量
## 实训任务书

主　编　曾令权　卢士华
副主编　孙旭丹　陈竹安　张雪松　李　猛
参　编　任卫波　陈蔚珊　林继贤　廖　云

机械工业出版社

# 目　录

# 第一部分 工程测量实训事项

## 【实训目的】

工程测量实训是土建类各专业的一门学科基础必修课，是继"工程测量"课程学习后，在指定实训场所集中进行的实践性教学活动，是工程测量各项技能实训的综合应用，也是巩固和深化课堂所学知识，培养实践动手能力的重要环节。通过实训不仅能够学习基本测量工作的全过程，并且能够系统地掌握测量常用仪器操作、施测步骤、计算方法、施工放样等基本技能，同时可为今后从事相关专业工作或解决有关测量实际问题打下良好的基础。

## 【实训要求】

1）实训前，必须复习教材中的有关内容，认真仔细地预习实训指导书，明确实训任务的目的、方法、步骤及注意事项，以保质保量完成测量实训任务。

2）分小组实训，组长负责组织协调工作，办理所有仪器和工具的借领和归还手续。每位同学都必须认真、仔细地操作，培养独立工作的能力和严谨的科学态度，同时发扬团结协作、吃苦耐劳的精神。

3）实训需在指导老师规定的时间及地点进行，不得无故缺席、迟到和早退，不得擅自改变实训地点和离开实训现场。

4）在实训的过程中和结束时，如发现仪器、工具有遗失、损坏情况，应立即报告指导老师，同时查明原因，根据情节轻重，给予适当的赔偿和处理。

5）实训结束时，应提交书写工整、规范的实验报告或实习记录，经指导老师同意后，方可结束工作，交还仪器和工具。

## 【注意事项】

1）以小组为单位到工程测量实训室领取仪器和工具，领借时应当场清点检查，如有损坏，报告实训管理老师给予补领或更换。

2）携带仪器时，注意检查仪器箱是否扣紧、锁好，拉手和背带是否牢固，并轻拿轻放。

3）开箱时，应将仪器箱放置平稳，开箱后，记清仪器在箱内的位置，以便使用后按原位放回。提取仪器时，应用双手握住支架或基座取出放在三脚架上，保持一手握住仪器，另一手拧紧连接螺旋，使仪器与三脚架牢固连接。取出仪器后，应关好仪器箱，严禁在箱上坐人。

4）严禁仪器无人看管，严防仪器遭受雨淋和烈日暴晒。

5）若发现透镜表面有灰尘和其他污物，必须用软毛刷或软擦布及软纸轻擦，严禁使用粗布和其他纸张擦拭，以免磨环镜面。

6）各制动螺旋勿拧过紧，以免损伤，各微动螺旋勿转至尽头，以防失灵，在制动螺旋制动状态下，切勿强行转动仪器。

7）迁站时，应放松各制动螺旋，一手握住三脚架，另一手托住仪器稳步行走。不准将仪器斜扛在肩上，以免碰伤仪器。必要时，须将仪器装箱搬站。

8）仪器装箱时，应将各制动螺旋松开，按原样放回后再拧紧各制动螺旋，并关闭好仪器箱。

9）严禁水准尺和标杆作为担拾工具，防止弯曲变形和折断。

10）使用钢尺时，应防止扭曲、打结和折断，防止行人踩踏和车辆碾压，尽量避免尺身着水。携尺前进时应将尺身提起，不得沿地面拖行，以防损坏刻划，用完钢尺应擦净、涂油，以防生锈。

11）RTK 测量时，严禁在高压线下作业，作业应选择在空旷地带地区。

12）管线测量时，严禁棱镜杆或移动站杆直接置于电力线上，置于井盖处时应检查井盖是否安全。

## 【记录计算】

1）实训时各项数据的记录和计算，须按指定的记录格式用铅笔认真填写。记录字迹应清楚，并随观测随记录。严禁转抄数据和伪造数据。观测者读出数字后，记录者应将所记数字复读一遍，以防听错、记错。

2）记录错误时，严禁用橡皮擦去及在原数字上涂改，应将错误的数字划去，并把正确的数字记在原数字上方。记录数据修改后，应在备注栏内注明原因。

3）简单的计算与必要的检核，应在测量实训现场及时完成，确认无误后，方可迁站。

4）数据的记录和计算应达到规定所取的小数位数，并按统一的单位记录。

# 第二部分 工程测量实训任务

## 技能训练 1  识读地形图

### 一、实训目的

掌握地形图的基本知识：等高线、等高距等概念、特性；地物、地貌的图例表示方法等。理解地形图的分幅与编号。

### 二、实训任务

识读下面地形图（图 1），用文字描述其中的地物、地貌概况，并口头表述。

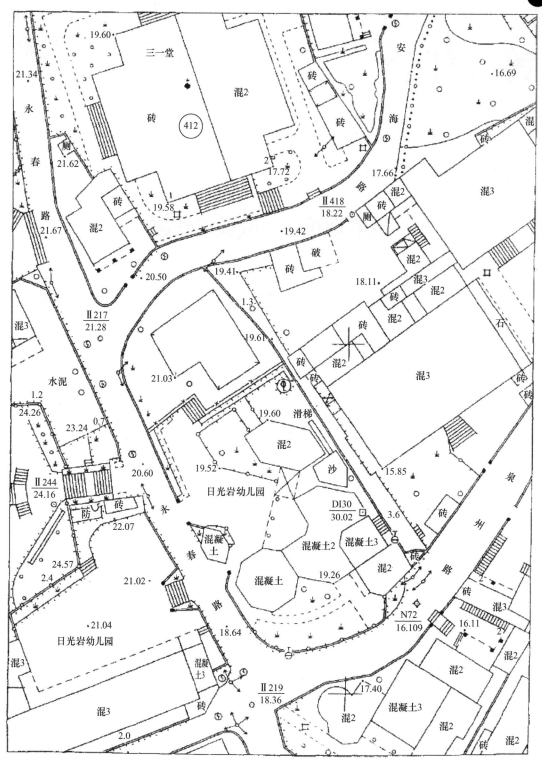

图1　某城市部分地形图

# 技能训练2　计算土方量与绘制断面图

## 一、实训目的

掌握方格网法计算土方量，能够根据大比例尺地形图的等高线绘制出沿某一线路的断面图。

## 二、仪器工具

三角板、铅笔、练习本。

## 三、实训任务

1）某建筑场地地形图和方格网（边长 $a$=20.0 m）布置如图2所示。土壤为二类土，场地地面泄水坡度 $i_x$=0.3%，$i_y$=0.2%。试确定场地设计标高（不考虑土的可松性影响，余土加宽边坡），计算各方格挖、填土方工程量，如图3所示。

| 图例 | 角点编号 | 施工高度 |
|---|---|---|
| | 角点标高 | 设计标高 |

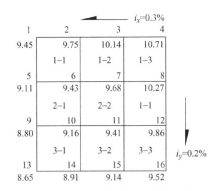

图2　某场地地形图和方格网布置

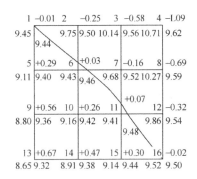

图3　某场地计算土方工程量图

2）根据图4绘制 $BC$ 方向的断面图。

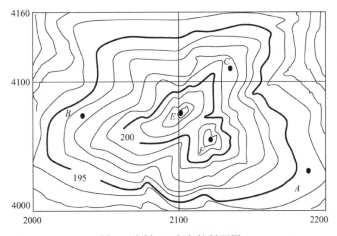

图4　绘制 $BC$ 方向的断面图

# 技能训练 3　测量两点高差

## 一、实训目的

1）了解水准仪的原理、构造。
2）练习水准仪的使用方法和水准尺的读数方法。
3）掌握两点高差测量与计算方法。

## 二、实训任务

4 人一组，每人完成整平水准仪 1 次、读水准尺读数 1 次，每组完成地面上两点高差测量与计算。

## 三、仪器工具

1）每组由测量仪器室借领水准仪 1 台、水准尺 1 对、尺垫 1 对。
2）自备铅笔，领取记录板、水准测量记录手簿。

## 四、方法与步骤

（1）安置仪器

将三脚架张开，使其高度适当，架头大致水平，并将脚架尖踩入土中，把仪器从仪器箱中取出，然后用连接螺旋将仪器固连在三脚架上。

（2）认识水准仪

指出仪器各部件的名称，了解其作用并熟悉其使用方法；熟悉水准尺的分划与注记。

（3）粗略整平

按 "左手拇指规则"，先用双手同时反向旋转一对脚螺旋，使圆水准器气泡移至中间，如图 5 所示，再转动另一只脚螺旋使气泡居中，如图 6 所示。通常需反复进行。

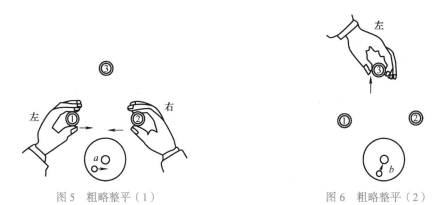

图 5　粗略整平（1）　　　　　　　　　图 6　粗略整平（2）

（4）瞄准水准尺

转动目镜调焦螺旋，使十字丝清晰；松开水平制动螺旋，转动仪器，用准星和照门初步瞄准水准尺，拧紧制动螺旋；转动物镜调焦螺旋，使水准尺分划清晰，转动微动螺旋，使水准尺成像在十字丝交点处。眼睛略做上下移动，检查十字丝与水准尺分划像之间是否有相对移动（视差）；如果存在视差，则重新进行目镜与物镜对光，消除视差。

（5）读数

用十字丝中丝在水准尺上读取 m、dm、cm，估读 mm，即读出四位有效数字。

（6）测定地面两点间高差

1）在地面上选择 A、B 两点。

2）A、B 两点之间安置水准仪，使水准仪到 A、B 两点的距离大致相等，并粗略整平。

3）在 A、B 两点上各竖立一根水准尺，先瞄准 A 点上的水准尺，精确整平后读数，此为后视读数，记入表中。

4）然后瞄准 B 点上的水准尺，精确整平后读数，此为前视读数，记入表中。

5）计算 A、B 两点的高差　$h_{AB}$= 后视读数 – 前视读数。

## 五、注意事项

1）不能在没有消除视差情况下读数。

2）在水准尺上读数时，圆水准器气泡必须居中。

3）微动螺旋和微倾螺旋应保持在中间运行，不要旋到极限。

4）观测者在观测过程中不得接触脚架。

## 六、上交资料

填写水准测量记录手簿（表1）。

表 1　水准测量记录手簿（两点高差）

| 测站 | 测点 | 水准尺读数 | | 高差 /m | |
|---|---|---|---|---|---|
| | | 后视 /m | 前视 /m | + | − |
| 1 | A | | | | |
| | B | | | | |
| 2 | C | | | | |
| | D | | | | |
| 3 | E | | | | |
| | F | | | | |
| 4 | G | | | | |
| | H | | | | |
| 5 | I | | | | |
| | J | | | | |
| 6 | L | | | | |
| | M | | | | |

# 技能训练 4　等外水准测量

## 一、实训目的

1）学会在实地选择水准点的方法，完成一个闭合水准路线的布设。

2）掌握等外水准测量的外业观测及内业计算方法。

## 二、实训任务

施工现场，拟建两栋建筑物，如图 7 所示，已知附近水准点 $BM_1$，根据已知水准点引测高程到施工场地。每组同学根据给定的 $BM_1$ 点高程完成图书馆前高程控制点的引测工作。

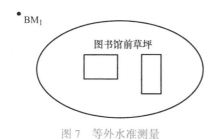

图 7　等外水准测量

## 三、仪器工具

1）每组到测量仪器室借领水准仪 1 台、水准尺 1 对、尺垫 1 对。

2）自备铅笔，领取记录板、水准测量记录手簿 1 份。

## 四、方法与步骤

1）从指定水准点出发按普通水准测量的要求布设一条闭合水准路线。施工现场高程点应选择场地坚硬，便于通视的地方。测量时，若测段点之间距离较长，要设立若干个转点。架设水准仪，前、后视距应大约相等，其距离不超过 100m。

2）操作程序是后视 $A$ 点上的水准尺，精平，用中丝读取后尺的读数，记入水准测量记录手簿中。转动望远镜，瞄准前视点上的水准尺，精平并读数，记入水准测量记录手簿中。然后立即计算该站的高差。

3）迁至第 2 站，继续上述操作程序，直至最后回到 $A$ 点。

4）根据已知高程及测站的高差，计算水准线路的高差闭合差，并检查高差闭合差是否超限，其限差公式：

平原　　　　　　　　　　　　$f_{h允} = \pm 60\sqrt{L}$

山地　　　　　　　　　　　　$f_{h允} = \pm 12\sqrt{n}$

式中　$f_{h允}$——限差（mm）；

　　　$L$——水准线路长度（km）；

　　　$n$——测站数。

5）若高差闭合差在允许的范围内，则对高差闭合差进行调整，计算各待定点的高程。若闭合差超限，则应返工重测。

## 五、注意事项

1）在每次读数之前，要消除视差，并使符合水准器泡严格居中，用中丝读数。

2）在已知点和待定点上不能放尺垫，但转点必须放尺垫，在仪器迁站时，前视点的尺垫不能移动。

3）水准尺必须扶直，不得前后、左右倾斜。

4）水准仪要安置在离前、后视点距离大致相等处，用中丝读取水准尺上的读数至毫米。

## 六、上交资料

1）水准点测设路线草图；

2）水准测量记录手簿（表2）。

表2 水准测量记录手簿（等外水准）

| 测站 | 测点 | 水准尺读数 /m | | 高差 /m | | 高程 /m | 备注 |
|---|---|---|---|---|---|---|---|
| | | 后视尺 | 前视尺 | + | − | | |
| | BM₁ | | | | | | |
| | | | | | | | |
| | | | | | | | |
| | | | | | | | |
| | | | | | | | |
| | | | | | | | |
| | | | | | | | |
| | | | | | | | |
| 计算检核 | ∑ | | | | | | |
| | $(\sum a - \sum b) =$ | | | $\sum h =$ | | | |

## 技能训练 5　四等水准测量

### 一、实训目的

1）进一步熟练水准仪的操作，掌握用双面水准尺进行四等水准测量的观测、记录与计算方法。

2）熟悉四等水准测量的主要技术指标，掌握测站及线路的检核方法。视线高度 >0.2m；视线长度 ≤100m；前后视距差 ≤5m；前后视距累积差 ≤10m；红黑面读数差 ≤3mm；红黑面高差之差 ≤5mm。

### 二、实训任务

施工现场，拟建两栋建筑物，需建立高程控制网。每组同学根据给定的 $BM_1$ 点高程按四等水准测量方法完成高程控制点的引测工作。

### 三、仪器工具

1）每组由测量仪器室借领水准仪 1 台、双面尺 1 对、尺垫 1 对。

2）自备铅笔，领取记录板、水准测量记录手簿。

### 四、方法与步骤

（1）了解四等水准测量的方法

双面尺法四等水准测量是在施工场地布设高程控制网的常用方法，是在每个测站上安置一次水准仪，但分别在水准尺的黑、红两面刻划上读数，可以测得两次高差，进行测站检核。除此以外，还有其他一系列的检核。

（2）四等水准测量步骤

1）从某一水准点出发，选定一条闭合水准路线。路线长度 200 ～ 400m，设置 4 ～ 6站，视线长度 30m 左右。

2）安置水准仪的测站至前、后视立尺点的距离，应该用步测使其相等。在每一测站，按下列顺序进行观测：

①后视水准尺黑色面，读上、下丝读数，精平，读中丝读数。

②前视水准尺黑色面，读上、下丝读数，精平，读中丝读数。

③前视水准尺红色面，精平，读中丝读数。

④后视水准尺红色面，精平，读中丝读数。

3）记录者在"四等水准测量记录"表（表 3）中按表头表明次序①～⑧记录各个读数，⑨～⑯为计算结果：

$$后视距离⑨ = 100 × \{①-②\}$$

$$前视距离⑩ = 100 × \{④-⑤\}$$

$$视距之差⑪ = ⑨-⑩$$

$$\sum 视距差⑫ = 上站⑫ + 本站⑪$$

红黑面差 ⑬= ⑥ +$K$– ⑦,（$K$=4.687 或 4.787）

⑭= ③ +$K$– ⑧

黑面高差 ⑮= ③ – ⑥

红面高差 ⑯= ⑧ – ⑦

高差之差 ⑰=⑮–⑯=⑭–⑬

平均高差 ⑱=1/2{⑮+⑯}

每站读数结束（①～⑧），随即进行各项计算（⑨～⑯），并按技术指标进行检验，满足限差后方能搬站。

4）依次设站，用相同方法进行观测，直到线路终点，计算线路的高差闭合差。按四等水准测量的规定，线路高差闭合差的容许值为 $\pm 20\sqrt{L}$mm，$L$ 为线路总长（单位：km）。

## 五、注意事项

1）四等水准测量比工程水准测量有更严格的技术规定，要求达到更高的精度，其关键在于：前后视距相等（在限差以内）；从后视转为前视（或相反）望远镜不能重新调焦；水准尺应完全竖直，最好用附有圆水准器的水准尺。

2）每站观测结束，已经立即进行计算和进行规定的检核，若有超限，则应重测该站。全线路观测完毕，线路高差闭合差在容许范围以内，方可收测，结束实验。

## 六、实训记录及上交资料

1）测设草图。
2）四等水准测量记录手簿（表3）。

表 3　四等水准测量记录手簿（双面尺法）

| 测点编号 | 后尺 上丝 | 前尺 上丝 | 方向及尺号 | 水准尺读数 黑面/m | 水准尺读数 红面/m | K+黑−红/mm | 平均高差/m | 修正后的高差 $\bar{h}_i = h_i - \dfrac{L_i}{L} f_h$ /m | 高程/m | 备注 |
|---|---|---|---|---|---|---|---|---|---|---|
|  | 后尺 下丝 | 前尺 下丝 |  |  |  |  |  |  |  |  |
|  | 后视距 | 前视距 |  |  |  |  |  |  |  |  |
|  | 视距差/m | 累加差/m |  |  |  |  |  |  |  |  |
| │ | ① | ④ | 后尺 1号 | ③ | ⑧ | ⑭ | ⑱ |  | 1号尺的 K= |  |
|  | ② | ⑤ | 前尺 2号 | ⑥ | ⑦ | ⑬ |  |  |  |  |
|  | ⑨ | ⑩ | 后−前 | ⑮ | ⑯ | ⑰ |  |  |  |  |
|  | ⑪ | ⑫ |  |  |  |  |  |  |  |  |
| BM │ 1 |  |  |  |  |  |  |  |  |  | 2号尺的 K= |
|  |  |  |  |  |  |  |  |  |  |  |
|  |  |  |  |  |  |  |  |  |  |  |
|  |  |  |  |  |  |  |  |  |  |  |
| 1 │ 2 |  |  |  |  |  |  |  |  |  |  |
|  |  |  |  |  |  |  |  |  |  |  |  |
|  |  |  |  |  |  |  |  |  |  |  |  |
|  |  |  |  |  |  |  |  |  |  |  |  |
| 2 BM |  |  |  |  |  |  |  |  |  |  |
|  |  |  |  |  |  |  |  |  |  |  |  |
|  |  |  |  |  |  |  |  |  |  |  |  |
|  |  |  |  |  |  |  |  |  |  |  |  |
| Σ | ∑L= |  |  |  |  |  |  |  |  |  |
| 辅助计算 |  |  |  |  |  |  |  |  |  |  |

# 技能训练 6　测设设计标高

## 一、实训目的

掌握水准仪测设高程的方法。

## 二、实训任务

已知水准点 $A$，其高程为 $H_A$=20.971m，欲在指定 $B$、$C$ 点测设设计高程分别为 $H_设$=21.100m，$H_设$=20.160m。

## 三、仪器工具

水准仪、水准尺、设计标高测设记录簿。

## 四、方法与步骤

1）在桩顶位置测量，以桩顶为基准，进行上下调整。

2）标尺紧贴桩号，在桩上下移动，测设出设计高程时，沿尺底在木桩上划线，做出标志，此方法需要通过后视求出前视标尺读数。

## 五、注意事项

1）仔细阅读测量须知，认真并按时完成实训。

2）爱护仪器和工具。

## 六、上交资料

设计标高测设记录手簿（表4）。

表 4 设计标高测设记录手簿

| 测站 | 已知高程点 | | | 视线高程 /m | 待测设高程点 | | | | | | |
|------|------|---------|----------|------|------|----------|----------|----------|------|----------|
| | 点号 | 高程 /m | 后视读数 | | 点号 | 设计高程 /m | 前视读数 | 实际高程 /m | 应读前视 | 填挖高度 /m |
| | A | 20.971 | | | B | 21.100 | | | | |
| | | | | | C | 20.160 | | | | |
| | | | | | | | | | | |
| | | | | | | | | | | |
| 检测 | | | A−B | | A−C | | | | | |
| | 设计高差 /m | | | | | | | | | |
| | 实际高差 /m | | | | | | | | | |
| | 误差 /m | | | | | | | | | |

# 技能训练 7 水准仪的检验与校正

## 一、实训目的与要求

1）了解微倾式水准仪各轴线应满足的条件。

2）掌握水准仪检验和校正的方法。

3）要求校正后，$i$ 角值不超过 20″，其他条件校正到无明显偏差为止。

## 二、仪器和工具

DS$_3$ 水准仪 1 台、水准尺 2 支、尺垫 2 个、钢尺 1 把、校正针 1 根、小螺丝旋具 1 个、记录板 1 块。

## 三、方法与步骤

（1）圆水准器轴平行于仪器竖轴的检验与校正

1）检验。转动脚螺旋，使圆水准器气泡居中，将仪器绕竖轴旋转 180°。如果气泡仍居中，则条件满足；如果气泡偏出分划圈外，则需校正。

2）校正。先转动脚螺旋，使气泡移动偏歪值的一半（图 8c），然后稍旋松圆水准器底部中央固定螺钉，用校正针拨动圆水准器校正螺钉，使气泡居中，如图 8d 所示；如此反复检校，直到圆水准器转到任何位置时，气泡都在分划圈内为止；最后旋紧固定螺钉如图 9 所示。

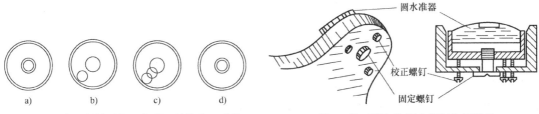

图 8　圆水准器轴平行于仪器竖轴的校正过程　　图 9　校正螺钉与固定螺钉位置关系

（2）十字丝中丝垂直于仪器竖轴的检验与校正

1）检验。严格置平水准仪，用十字丝交点瞄准一明显的点状目标 $M$，旋紧水平制动螺旋，转动水平微动螺旋。如果该点始终在中丝上移动（图 10b），说明此条件满足；如果该点离开中丝（图 10c），则需校正。

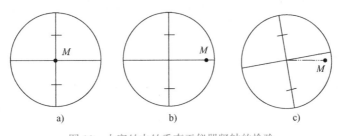

图 10　十字丝中丝垂直于仪器竖轴的检验

2）校正。卸下目镜处外罩，松开四个固定螺钉，稍微转动十字丝环，使目标点 $M$ 与中丝重合。反复检验与校正，直到满足条件为止，再旋紧四个固定螺钉。

（3）水准管轴平行于视准轴的检验与校正

1）检验。如图 11 所示，在地面上选择 $A$、$B$ 两点，其长度为 60～80m。在 $A$、$B$ 两点放置尺垫，先将水准仪置于 $AB$ 的中点 $C$，如图 11a 所示，读立于 $A$、$B$ 尺垫上的水准尺，得读数为 $a_1$ 和 $b_1$，则高差 $h_1=a_1-b_1$，改变仪器高度，又读得 $a_1'$ 和 $b_1'$ 得高差 $h_1'=a_1'-b_1'$。若 $h_1-h_1'≤±3mm$，则取两次高差的平均值，作为正确高差 $h_{AB}$。然后将仪器搬至 $B$ 点附近（距 $B$ 点 2～3m），如图 11b 所示，瞄准 $B$

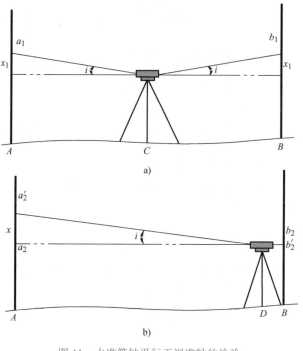

图 11　水准管轴平行于视准轴的检验

点水准尺，精平后读取 $B$ 点水准尺读数 $b_2'$，再根据 $A$、$B$ 两点间的高差 $h_{AB}$，可计算出 $A$ 点水准尺的视线水平时的读数 $a_2'=b_2'+h_{AB}$，瞄准 $A$ 点上的水准尺，精平后读取 $A$ 点上水准尺读数 $a_2$，根据 $a_2'$ 与 $a_2$ 的差值计算 $i$ 角值

$$i = \frac{a_2 - a_2'}{D_{AB}}\rho$$

如果 $i$ 角值 $<±20''$，说明此条件满足，如果 $i$ 角值 $≥±20''$，则需校正。

2）校正。转动微倾螺旋，使中丝对准 $a_2'$，此时水准管气泡必然不居中，用校正针先稍微松左、右校正螺钉，再拨动上、下校正螺钉，使水准管气泡居中。重复检查，$i$ 角值 $<±20''$ 为止。最后拨紧左、右校正螺钉。

## 四、注意事项

1）检校水准仪时，必须按上述的规定顺序进行，不能颠倒。

2）拨动校正螺钉时，一律要先松后紧，一松一紧，用力不宜过大，校正完毕时，校正螺钉不能松动，应处于稍紧状态。

## 五、上交资料

填水准仪的检验与校正表（表 5），水准仪的检验与校正略图和说明。

表5　水准仪的检验与校正

| 检验项目 | 检验与校正经过 | |
|---|---|---|
| | 略图 | 观测数据及说明 |
| 圆水准器轴平行于竖轴 | | |
| 横丝垂直于竖轴 | | |
| 水准管轴平行于视准轴 | | $a_1=$　　　　　$a_1'=$<br>$b_1=$　　　　　$b_1'=$ |
| | | $h_1=$　　　　　$h_1'=$<br>$h_1-h_1'=$　　　$h_{AB}=$ |
| | | $b_2'=$　　　　$a_2'=b_2'+h_{AB}=$<br>$a_2=$　　　　$i=\dfrac{a_2-a_2'}{D_{AB}}\rho=$ |

# 技能训练8　测回法测水平角

## 一、实训目的

1）熟悉仪器各部件的名称和作用，正确使用各螺旋及水平度盘变换手轮。

2）掌握对中、整平、瞄准和读数的方法，基本操作要领。

## 二、实训任务

每组用测回法完成1个水平角的观测任务，如图12所示。独自完成经纬仪或全站仪的整平、对中、瞄准、读数工作。

图12　测回法测水平角

## 三、仪器工具

1）每组向测量仪器室借领经纬仪或全站仪1台及其他工具。

2）自备铅笔，领取记录板、测回法测水平角记录手簿。

## 四、实训步骤

（1）安置仪器

松开三脚架，安置于测点上。其高度大约在胸口附近，架头大致水平，踩紧脚架。打开仪器箱，取出仪器置于架头上，一手紧握仪器，一手拧紧连接螺旋。

（2）初步对中整平

调节经纬仪光学对中器的目镜和物镜对光螺旋，使光学对中器的分化板小圆圈和测站点标志的影像清晰。固定一只三脚架腿，目视对中器目镜并移动其他两只架腿，使镜中小圆圈对准地面点，踩紧脚架，若光学对中器的中心与地面点略有偏离，可转动脚螺旋，使光学对中器对准测站标志中心，此时圆水准器气泡偏离，伸缩三脚架腿，使圆水准器气泡居中，注意脚架尖位置不能移动。

（3）精确对中和整平

松开照准部制动螺旋，转动照准部，使水准管平行于任意一对脚螺旋的连线，两手同时反向转动这对脚螺旋，使气泡居中；将照准部旋转90°，转动第三只脚螺旋，使气泡居中，如图13所示。以上步骤反复1～2次，使照准部转到任何位置时水准管气泡的偏离不超过1格为止。此时若光学对中器的中心与地面点又有偏离，稍松连接螺旋，在架头上平移仪器，使光学对中器的中心准确对准测站点，最后旋紧连接螺旋。锤球对中误差在3mm以内，光学对中器对中误差在1mm以内。对中和整平一般需要几次循环过程，直至对中和整平均满足要求为止。

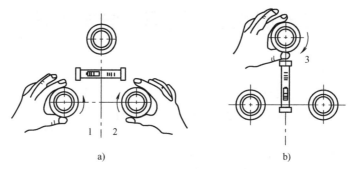

图 13 经纬仪的整平

（4）瞄准目标

1）转动照准部，使望远镜对向明亮处，转动目镜对光螺旋，使十字丝清晰。

2）松开照准部制动螺旋，用望远镜上的粗瞄准器对准目标，使其位于视场内，固定望远镜制动螺旋和照准部制动螺旋。

3）转动物镜对光螺旋，使目标影像清晰；旋转望远镜微动螺旋，使目标像的高低适中；旋转照准部微动螺旋，使目标像被十字丝的单根竖丝平分，或被双根竖丝夹在中间。

4）眼睛微微左右移动，检查视差，如果有，转动物镜和目镜对光螺旋予以消除。

（5）读数

盘左位置瞄准目标，读出水平度盘读数，纵转望远镜，盘右位置再瞄准该目标，两次读数之差约为180°，以此检核瞄准和读数是否正确。

（6）测量两个方向间的水平角

瞄准左目标 $A$，进行读数记 $a$，顺时针方向转动照准部，瞄准右目标 $B$，进行读数记 $b$，计算角值 $\beta=b-a$，当 $b$ 不够减时，将 $b$ 加上360°，将记录数据填入表6中。

## 五、注意事项

1）瞄准目标时，尽可能瞄准目标底部。

2）同一测回观测时，切勿动度盘配制器。

3）注意仪器的安全使用。

## 六、上交资料

测回法观测水平角记录手簿一份，见表6。

表 6　测回法观测水平角记录手簿

| 测站 | 竖盘位置 | 目标 | 水平度盘读数<br>(° ′ ″) | 半测回<br>(° ′ ″) | 一测回角值<br>(° ′ ″) | 各测回平均角值<br>(° ′ ″) |
|---|---|---|---|---|---|---|
|  |  |  |  |  |  |  |
|  |  |  |  |  |  |  |
|  |  |  |  |  |  |  |
|  |  |  |  |  |  |  |
|  |  |  |  |  |  |  |
|  |  |  |  |  |  |  |
|  |  |  |  |  |  |  |
|  |  |  |  |  |  |  |
|  |  |  |  |  |  |  |
|  |  |  |  |  |  |  |
|  |  |  |  |  |  |  |
|  |  |  |  |  |  |  |
|  |  |  |  |  |  |  |
|  |  |  |  |  |  |  |
|  |  |  |  |  |  |  |
|  |  |  |  |  |  |  |

# 技能训练9 方向观测法测水平角

## 一、实训目的

1）掌握水平角观测原理。

2）掌握方向观测法测水平角的方法。

3）掌握方向法观测水平角的操作顺序、记录及计算的方法。

4）掌握归零、归零差、归零方向值、$2c$ 值的概念以及各项限差的规定。

## 二、实训任务

每组用方向观测法完成有 4 个观测方向的一测站二个测回的观测任务，如图 14 所示。

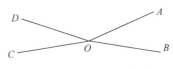

图 14　方向观测法测水平角

## 三、仪器工具

1）每组由测量仪器室借领经纬仪或全站仪 1 台及其他工具。

2）自备铅笔，领取记录板、方向观测法测水平角记录手薄。

## 四、方法与步骤

1）本次实验要求的限差为：每半测回归零差不超过 ±18″，各测回方向值互差不超过 ±24″，$2c$ 的互差不超过 ±20″。

2）在开阔地面上选定某点 $O$ 为测站点，用钢钎或者记号笔标记 $O$ 点位置。然后在场地四周任选 4 个目标点 $A$、$B$、$C$ 和 $D$（距离 $O$ 点 10～20m），分别用钢钎或者记号笔标记各目标点。

3）在测站点 $O$ 上安置仪器，并精确对中、整平。

4）盘左：瞄准起始方向 $A$，将平盘读数配置在略大于 0°00′00″ 的读数，作为起始读数记入表格中。顺时针旋转照准部依次瞄准 $B$、$C$、$D$ 各方向读取平盘读数记入表格中。最后转回观测起始方向 $A$，再次读取平盘读数，称为"归零"。检查归零差是否超限。

5）盘右：逆时针依次瞄准 $A$、$D$、$C$、$B$、$A$ 各方向，依次读取各目标的平盘读数并记入表格中，检查归零差是否超限。到此为一测回观测。

6）计算同一方向两倍照准差 $2c$。

7）同法进行第二测回的观测。此时，盘左起始读数应调整为 90°00′00″。

## 五、注意事项

1）以组为单位依次领取实验仪器，组长应指派专人负责清点数量和名称是否符合要求，检查仪器是否有损坏之处（外观、部件等）；一旦领取后，借出的仪器将被视为性能完好。

2）归还仪器时，应按照领取时的状况归还实验室。如发现仪器损坏、丢失，将会追究该组责任。情况严重的，将可能受到支付维修费用或者赔偿损失的经济责任。

3）应选择远近适中，易于瞄准的清晰目标作为起始方向。

4）水平角观测时，同一个测回内，照准部水准管偏移不得超过一格。否则，需要重新整平仪器进行本测回的观测。

5）对中、整平仪器后，进行第一测回观测，期间不得再整平仪器。但第一测回完毕，可以重新整平仪器，再进行第二测回观测。

6）如果竖盘读数窗口显示"b"，即表示竖盘倾斜程度太大，超出补偿范围，竖直角无法观测。此时，需重新整平仪器，重头再进行本测回的水平角观测。

7）测角过程中一定要边测、边记、边算，以便及时发现问题。

8）每位组员应独自操作仪器，完成每测回中某方向的主测工作。

## 六、上交资料

方向观测法测水平角记录手簿一份，见表7。

表 7　方向观测法测水平角记录手簿

| 测站 | 测回数 | 目标 | 水平度盘读数 | | 平均方向值<br>(° ′ ″) | 归零方向值<br>(° ′ ″) | 各测回平均方向值<br>(° ′ ″) |
|---|---|---|---|---|---|---|---|
| | | | 盘左<br>(° ′ ″) | 盘右<br>(° ′ ″) | | | |
| O | 第一测回 | A | | | | | |
| | | B | | | | | |
| | | C | | | | | |
| | | D | | | | | |
| | | A | | | | | |
| | | Δ | | | | | |
| O | 第二测回 | A | | | | | |
| | | B | | | | | |
| | | C | | | | | |
| | | D | | | | | |
| | | A | | | | | |
| | | Δ | | | | | |

# 技能训练 10　测设水平角

## 一、实训目的

掌握已知角度的测设方法，能够熟练地进行已知角度测设。

## 二、实训任务

设直线 $AB$ 为已知方向，以 $A$ 为角顶；以 $AB$ 为一边，用一般方法测设一 $50°$ 的水平角。

## 三、仪器工具

经纬仪 1 套、木桩 3 根、小钉 6 枚、垂球架 2 个、帆布包 1 个、手锤 1 把，自备铅笔，记录板 1 块。

## 四、方法与步骤

1）如图 15 所示，在地面标定一已知方向线 $AB$。

2）将经纬仪安置于 $A$ 点，盘左照准 $B$ 点，配置平盘读数为 $0°00'00''$。

3）转动照准部使平盘读值为 $50°00'00''$，然后在此方向上于地面标定一点为 $C'$。

4）再用盘右同法标定一点 $C''$。

5）取 $C'$ 和 $C''$ 的中点为 $C$，$\angle BAC$ 即为所标定的 $50°$ 的水平角。

6）本次实训要求测设精度为 $\pm 1'$。

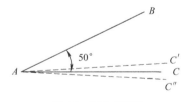

图 15　测设水平角

## 五、注意事项

1）仔细阅读测量须知，认真并按时完成实验。

2）爱护仪器和工具。

# 技能训练 11　观测竖直角

## 一、实训任务

每组每人用一测回完成 1 个竖直角的观测任务，并独立进行计算，如图 16 所示。

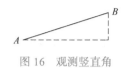

图 16　观测竖直角

## 二、实训目的

1）练习竖直角观测、记录、计算的方法。

2）了解竖盘指标差的计算。

## 三、仪器工具

1）每组向测量仪器室借领经纬仪或全站仪 1 台及相关工具。

2）自备铅笔，领取记录板，竖直角记录手簿。

## 四、方法与步骤

1）在测站点 $O$ 上安置经纬仪，对中、整平后，选定 $A$、$B$ 两个目标。

2）先观察竖直度盘注记形式并写出竖直角的计算公式：盘左位置将望远镜大致放平观察竖直度盘读数，然后将望远镜慢慢上仰，观察竖直度盘读数变化情况，观测竖盘读数是增加还是减少。

若读数减少，则：

$$\alpha = \text{视线水平时竖盘读书} - \text{瞄准目标时竖盘读数}$$

若读数增加，则：

$$\alpha = \text{瞄准目标时竖盘读数} - \text{视线水平时竖盘读数}$$

3）盘左位置，用十字丝中丝切于 $A$ 目标顶端，转动竖盘指标水准管微动螺旋，使竖盘指标水准管气泡居中，对于具有竖盘指标自动零装置的经纬仪，打开自动补偿器，使竖盘指标居于正确位置。读取竖直度盘读数 $L$，记入观测手簿并计算出 $\alpha_L$。

4）盘右位置，同法观测 $A$ 目标，读取盘右读数 $R$，记入观测手簿并计算出 $\alpha_R$。

5）计算竖盘指标差：

$$x = \frac{1}{2}(\alpha_R - \alpha_L)$$

6）计算一测回竖直角：

$$\alpha = \frac{1}{2}(\alpha_L + \alpha_R)$$

7）同法测定 B 目标的垂直角并计算出竖盘指标差。检查指标差的互差是否超限。

## 五、注意事项

1）对于具有竖盘指标水准管的经纬仪，每次竖盘读数前，必须使竖盘指标水准管气泡居中。具有竖盘指标自动零装置的经纬仪，每次竖盘读数前，必须打开自动补偿器，使竖盘指标居于正确位置。

2）垂直角观测时，对同一目标应以中丝切准目标顶端（或同一部位）。

3）计算垂直角和指标差时，应注意正、负号。

## 六、上交资料

竖直角观测记录手簿一份，见表 8。

表 8　竖直角观测记录手簿

| 测站 | 目标 | 竖盘位置 | 竖盘读数 (° ′ ″) | 半测回竖直角 (° ′ ″) | 指标差 (″) | 一测回垂直角 (° ′ ″) |
|---|---|---|---|---|---|---|
|  |  |  |  |  |  |  |
|  |  |  |  |  |  |  |
|  |  |  |  |  |  |  |
|  |  |  |  |  |  |  |
|  |  |  |  |  |  |  |
|  |  |  |  |  |  |  |
|  |  |  |  |  |  |  |
|  |  |  |  |  |  |  |
|  |  |  |  |  |  |  |
|  |  |  |  |  |  |  |
|  |  |  |  |  |  |  |
|  |  |  |  |  |  |  |
|  |  |  |  |  |  |  |
|  |  |  |  |  |  |  |
|  |  |  |  |  |  |  |
|  |  |  |  |  |  |  |
|  |  |  |  |  |  |  |
|  |  |  |  |  |  |  |
|  |  |  |  |  |  |  |
|  |  |  |  |  |  |  |

# 技能训练 12　钢尺量距

## 一、实训目的

掌握钢尺量距的一般方法。

## 二、实训任务

钢尺量约 80m 距离。

## 三、仪器工具

每个小组配备 50m 钢尺一把、标杆三支、记录板一块。

## 四、方法与步骤

1）钢尺量距时，读数及计算长度取至 mm。

2）钢尺量距时，先量取整尺段，最后量取余长。

3）钢尺往、返丈量的相对精度应高于 1/3000，则取往、返平均值作为该直线的水平距离，否则重新丈量。

4）在地面上选定相距约 80m 的 A、B 两点插测钎作为标志，用目估法定向。

5）往测：后尺手持钢尺零点端对准 A 点，前尺手持尺盒和一个花杆向 AB 方向前进，至一尺段钢尺全部拉出时停下，由后尺手根据 A 点的标杆指挥前尺手将钢尺定向，前、后尺手拉紧钢尺，由前尺手喊"预备"，后尺手对准零点后喊"好"，前尺手在整 50m 处记下标志，完成一尺段的丈量，依次向前丈量各整尺段；到最后一段不足一尺段时为余长，后尺手对准零点后，前尺手在尺上根据 B 点测钎读数（读至 mm）；记录者在丈量过程中在钢尺量距记录手簿（表 9）上记下整尺段数及余长，得往测总长。

6）返测：由 B 点向 A 点用同样方法丈量。

7）根据往测和返测的总长计算往返差数、相对精度，最后取往、返总长的平均数。

## 五、注意事项

1）钢尺量距的原理简单，但在操作上容易出错，要做到三清：零点看清——尺子零点不一定在尺端，有些尺子零点前还有一段分划，必须看清；读数认清——尺上读数要认清 m，dm，cm 的注字和 mm 的分划数；尺段记清——尺段较多时，容易发生少记一个尺段的错误。

2）钢尺容易损坏，为维护钢尺，应做到四不：不扭、不折、不压、不拖。用后要擦净方可卷入尺壳内。

## 六、上交资料

钢尺量距记录手簿一份，见表 9。

表 9  钢尺量距记录手簿

| 直线编号 | 方向 | 整段尺长 / m | 余长 / m | 全长 / m | 往返平均值 / m | 相对误差 |
|---|---|---|---|---|---|---|
|  |  |  |  |  |  |  |
|  |  |  |  |  |  |  |
|  |  |  |  |  |  |  |
|  |  |  |  |  |  |  |
|  |  |  |  |  |  |  |
|  |  |  |  |  |  |  |
|  |  |  |  |  |  |  |
|  |  |  |  |  |  |  |
|  |  |  |  |  |  |  |
|  |  |  |  |  |  |  |
|  |  |  |  |  |  |  |
|  |  |  |  |  |  |  |
|  |  |  |  |  |  |  |
|  |  |  |  |  |  |  |

# 技能训练 13　测量视距

## 一、实训目的

掌握视距测量，全站仪测距的观测方法；学会用计算器进行视距计算。

## 二、实训任务

1）在施工现场只有一点 A，为了施工需要。需测出 A 点与 B，C 水平距离。按照《工程测量标准》（GB 50026—2020）距离测量的精度要求用经纬仪和全站仪测量出 A 与 B、C 的距离。

2）在施工现场，A 点为已知点，AB 方向为已知方向，AB 距离为 50m，分别用经纬仪定线，钢尺测设，全站仪测设。

## 三、仪器工具

$DJ_6$ 经纬仪一台、水准尺一支、小钢尺一把、全站仪一台、棱镜一个。

## 四、方法与步骤

1）在测站点 A 安置经纬仪，用小钢尺量取仪器高 i（测站点至经纬仪横轴的高度），并假定测站点的高程 $H_A$=10.00m。

2）视距测量一般以经纬仪的盘左位置进行观测，水准尺立于若干待测定的地物点上（设为 B 点）。瞄准直立的视距尺，转动望远镜微动螺旋，以十字丝的上丝对准尺上某一整分米数，读取下丝读数 a、上丝读数 b、中丝读数 v。下丝读数减上丝读数，即得视距间隔。然后，将竖盘指标水准管气泡居中，读取竖盘读数，立即算出竖直角 α。

3）按测得的 i、l、v 和 α 用公式

$$D = Kl\cos^2\alpha$$

$$h = \frac{1}{2}Kl\sin 2\alpha + i - v$$

$$H_B = H_A + h$$

上式中，i 为仪器高，是桩顶到仪器水平轴的高度；l 为上、下丝读数差（l=a−b）。计算出 A、B 两点间水平距离及 B 点高程。

## 五、上交资料

视距测量记录手簿一份，见表 10。

表 10　视距测量记录手簿

| 目标 | 下丝读数 | 中丝读数 | 竖盘读数 (° ′ ″) | 垂直角 (° ′ ″) | 水平距离 /m | 高差 /m | 高程 /m |
|---|---|---|---|---|---|---|---|
| | 上丝读数 | | | | | | |
| | 视距间隔 | | | | | | |

测站（高程）仪器高

# 技能训练 14　测设距离

## 一、实训目的

掌握钢尺量距方法，并能够进行计算。

## 二、实训任务

用 30m 的钢尺，采用精密丈量的方法测设 60m 的水平距离。

## 三、仪器工具

30m 钢尺 1 把、经纬仪 1 套、花杆 1 根、测钎 1 根、木桩 2 根、手锤 1 把、弹簧秤 1 支、温度计 1 支、水准仪 1 套、水准尺 1 把、记录板 2 块、帆布包 1 个、小钉 4 枚，自备铅笔。

## 四、方法与步骤

1）阅读教材中有关直线丈量的内容。

2）设钢尺的尺长方程式为：

$$L=30m+0.005m+12.5 \times 10^{-6} \times 30m（t-20℃）$$

3）选择一平坦地区，清理场地，在地而上定出 $A$、$C$ 两点，$A$、$C$ 相距 70～80m，设地面 $AC$ 方向即为测设线段方向。

4）将经纬仪安置在 $A$ 点，将望远镜瞄准 $C$ 点，然后自 $A$ 点用钢尺进行丈量，量到 60m 后用木桩在地上定出点 $B'$。打好木桩后再根据望远镜的指挥在木桩上钉一小钉，使小钉正位于十字丝的竖丝上。若遇坚硬路面可直接钉小钉或画十字线代替。

5）对 $AB'$ 进行精密丈量。

6）对 $AB'$ 进行计算改正：

$$D_{AB}=D_{AB'}- \Delta L_t+\Delta L_h$$

$$\Delta D=60-D_{AB}$$

7）在 $AC$ 线上，自 $B'$ 点向前或向后量出 $\Delta D$ 的距离，便得 $B$ 点；将 $B'$ 移到 $B$ 点，此时 $A$、$B$ 两点的水平距离，即为所要设置的线段长。

## 五、注意事项

1）仔细阅读测量须知，认真并按时完成实训。

2）爱护仪器和工具。钢尺防扭曲、碾压，用后一定清擦干净。

# 技能训练 15　测量三角高程

## 一、实训目的

掌握三角高程测量的观测方法。

## 二、实训任务

已知 $A$ 点高程是 10m。计算出 $A$ 点与周围点间的水平距离及高程。

## 三、仪器工具

电子经纬仪一套，自备记录本。

## 四、上交资料

三角高程测量记录手簿一份，见表 11。

表 11　三角高程测量记录手簿

| 起算点 | | | A | | | | C | | | |
|---|---|---|---|---|---|---|---|---|---|---|
| 待定点 | | | B | | | | D | | | |
| 水平距离 HD/m | | | | | | | | | | |
| 竖直角 | 一测回 | 盘左<br>(° ′ ″) | | | | | | | | |
| | | 盘右<br>(° ′ ″) | | | | | | | | |
| | 二测回 | 盘左<br>(° ′ ″) | | | | | | | | |
| | | 盘右<br>(° ′ ″) | | | | | | | | |
| 仪器高 /m | | | | | | | | | | |
| 棱镜高 /m | | | | | | | | | | |
| 高差 /m | | | | | | | | | | |

# 技能训练 16　测量导线

## 一、实训目的

1）掌握闭合导线的布设方法。

2）掌握闭合导线的外业观测、内业计算方法。

## 二、实训任务

施工现场，拟建两栋建筑物，需建立平面控制网。每组同学根据给定的 $BM_1$，$BM_2$ 点坐标，完成图书馆前平面控制点的引测工作，导线设计成闭合导线，如图 17 所示。

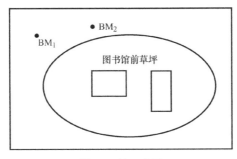

图 17　施工现场

## 三、仪器工具

每组全站仪 1 台、测钎 3 个、棱镜杆 2 个。

## 四、方法与步骤

（1）要点

1）闭合导线的折角，观测闭合图形的内角或外角。

2）瞄准目标时，应尽量瞄准测钎的底部。

3）量边要量水平距离。

（2）流程（图 18）

1）测 $A$ 角→测 $B$ 角→测 $C$ 角→测 $D$ 角。

2）量边 $AB$ →量边 $BC$ →量边 $CD$ →量边 $DA$。

3）用地质罗盘仪测 $AB$ 直线方位角。

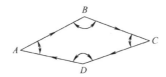

图 18　导线测量流程图

## 五、上交资料

导线测量外业记录手簿一份，见表 12。

表 12　导线测量外业记录手簿

| 测点 | 盘位 | 目标 | 水平度盘读数 (° ′ ″) | 水平角 | | 边长 |
| --- | --- | --- | --- | --- | --- | --- |
| | | | | 半测回值 (° ′ ″) | 一测回值 (° ′ ″) | |
| | | | | | | 边长名：＿＿＿＿＿ 往测 =＿＿＿＿＿m |
| | | | | | | 边长名：＿＿＿＿＿ 往测 =＿＿＿＿＿m |
| | | | | | | 边长名：＿＿＿＿＿ 往测 =＿＿＿＿＿m |
| | | | | | | 边长名：＿＿＿＿＿ 往测 =＿＿＿＿＿m |
| 校核 | 内角和闭合差 $f$= | | | | | |

# 技能训练 17　测设基线

## 一、技能目标

1）能够熟练使用全站仪。

2）能够进行建筑基线的测设及调整。

## 二、实训任务

如图 19 所示，施工场地需建 F1、F2 两栋建筑楼，已知城建局提供的已知导线点 $A_5$、$A_6$，其中 $A_5$ 同时兼作水准点。建筑基线 M、O、N、P 四点的是设计坐标，已知各点在测量坐标系中的坐标如下：$A_5$（2002.226，1006.781，20.27），$A_6$（2004.716，1062.593），M（1998.090，996.815），O（1996.275，1042.726），N（1994.410，1089.904），P（1973.085，1041.808）。测设出 T 型建筑基线 M、O、N、P。

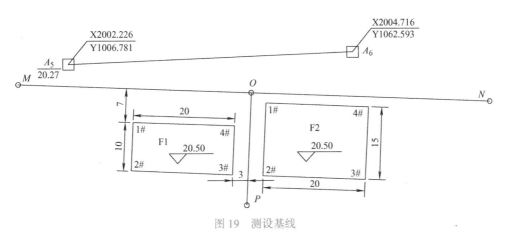

图 19　测设基线

## 三、仪器工具

每组全站仪 1 台、测钎 2 个、皮尺 1 把、三角板 1 个、记录板 1 个、计算器 1 个（或全站仪 1 台、棱镜 2 个、三角板 1 个、计算器 1 个）。

## 四、方法与步骤

1）根据建筑基线 M、O、N、P 四点的设计坐标和导线点 $A_5$、$A_6$ 坐标，用极坐标法进行测设，并打上木桩。选择 100m×35m 的一个开阔场地作为实验场地，先在地面上定出水平距离为 55.812m 的两点。

2）测量水平角 $\angle MON$、水平距离 MO（a）、ON（b），由公式 $\delta = \dfrac{ab}{2(a+b)} \dfrac{1}{\rho}(180° - \beta)$（$\beta$ 为导线点 $A_5$、$A_6$ 的连线与基线 MN 的夹角），计算出 $\delta$ 值，在木桩上进行改正。

3）测量改正后的 $\angle MON$，要求其与 180° 之差不得超过 ±24″，再丈量 MO、ON 距离，使其与设计值之差的相对误差不得大于 1/10000。

4）在 O 点用正倒镜分中法，拨角 90°，并放样距离 OP，在木桩上定出 P 点的位置。

5）测量∠$POM$，要求其与90°之差不得超过±24″，再丈量$OP$距离，与设计值之差的相对误差不得大于1/10000。

6）水平距离$a$、$b$、$s$测量：

直线$a$：第一次 = _____m，第二次 = _____m，平均 = _____m。

直线$b$：第一次 = _____m，第二次 = _____m，平均 = _____m。

直线$s$：第一次 = _____m，第二次 = _____m，平均 = _____m。

7）计算调整：

经计算得：$\delta$= _____mm。

## 五、上交资料

测回法测水平角记录手簿，见表13。

表 13　测回法测水平角记录手簿

| 测点 | 盘位 | 目标 | 水平度盘读数<br>(° ′ ″) | 水平角 | | 示意图 |
|---|---|---|---|---|---|---|
| | | | | 半测回值<br>(° ′ ″) | 一测回值<br>(° ′ ″) | |
| | | | | | | |
| | | | | | | |
| | | | | | | |
| | | | | | | |
| | | | | | | |
| | | | | | | |
| | | | | | | |
| | | | | | | |

# 技能训练18　建筑物定位、放线

## 一、实训目的

1）能够进行建筑物的定位。
2）能够用建筑基线进行建筑物的角点桩、中点桩测设。
3）能够进行建筑物放线。

## 二、实训任务

如图20所示，选择100m×35m的一个开阔场地作为实验场地，先在地面上定出水平距离为55.812m的两点，将其定义为城建局提供的已知导线点$A_5$、$A_6$，其中$A_5$同时兼作水准点。

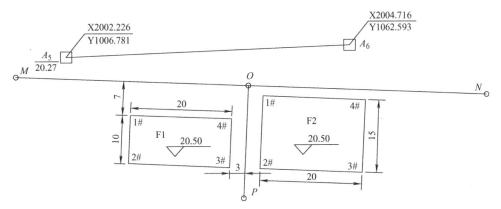

图20　建筑物定位、放线

（1）根据建筑基线进行建筑物的定位

根据图中的待建建筑物F1与建筑基线的关系，利用建筑基线，用直角坐标法放样出F1的1#、2#、3#、4#四个角桩。

以$A_5$高程（20.47m）为起算数据，用全站仪测出F1的1#、2#、3#、4#四个角桩的填挖深度（F1的地坪高程为20.50m）。

（2）根据导线进行建筑物的定位

设图中NOP构成的是建筑施工坐标系AOB，并设待建建筑物F2在以O点原点的建筑施工坐标系AOB中的坐标分别为1#（3，2）、2#（3，17）、3#（23，17）、4#（23，2），且已知建筑坐标系原点O在城市坐标系中的坐标为O（1996.275，1042.726），OA轴的坐标方位角为92°15'49"，试计算出1#、2#、3#、4#点在城市坐标系中的坐标，并在$A_6$测站，后视$A_5$，用极坐标法放样出F2的1#、2#、3#、4#四个角桩。

## 三、仪器工具

每组全站仪1台、测钎2个、皮尺1把、三角板1个、记录板1个、计算器1个（或全站仪1台、棱镜2个、三角板1个、计算器1个）。

## 四、方法与步骤

1）校核定位依据桩。

2）根据定位条件测设建筑物四廓外的矩形控制网，要经闭合校核。

3）在建筑物矩形控制网的四边上，测设各大角与各轴线的控制桩。

4）测设建筑物四大角桩与各轴线桩。

5）按基础图测设开挖边界并撒灰线。

6）经自检互检与上级验线合格后，填写"工程定位测量记录"单，提请监理单位验线。

## 五、上交资料

建筑物定位（放线）测量记录手簿，见表 14。

表 14　建筑物定位（放线）测量记录手簿

| 工程名称 | | 建设单位 | |
|---|---|---|---|
| 放线单位 | | 施工单位 | |
| 使用仪器 | | 测量日期 | |

建筑略图：

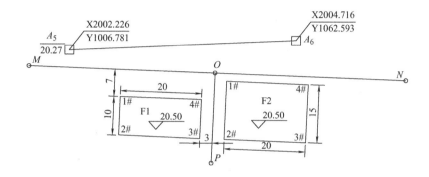

| 测量（放线）数据 | | | 测量（放线）依据 | | |
|---|---|---|---|---|---|
| 点号 | | | 点号 | | |
| | | | | | |
| | | | | | |
| | | | | | |
| | | | | | |

建设单位代表：　　　　　　　　　　　　　工程技术负责人：

测量人：　　　　　　　　　　　　　　　　监理单位复核人：

# 技能训练 19　观测建筑物沉降

## 一、实训目的

掌握建筑物沉降观测的基本方法。

## 二、实训任务

在基坑开挖后地下室至 ±0.000m 前，定期对基坑周边的护坡进行平面位移及沉降监测，并对基坑周边道路及主要建筑物进行沉降观测且绘制沉降曲线图。

## 三、仪器工具

全站仪：测角精度为 2″，测距精度为 ±（2mm+2ppm）；棱镜杆 2 根；电子水准仪；一对 2m 条形码铟瓦水准标尺。

## 四、方法与步骤

根据基坑设计的安全等级确定本次变形测量的等级为二级，按二级水准测量要求（表 15），用水准闭合路线测量监测点的高程。

表 15　垂直位移观测技术要求

| 等级 | 基辅分划所测高差之差 /mm | 往返较差、附合或环线闭合差 /mm | 检测已测高差较差 /mm |
|------|------------------------|--------------------------------|----------------------|
| 二级 | 0.4 | $\leq 0.30\sqrt{n}$ | $\leq 0.5\sqrt{n}$ |

注：表中 $n$ 为测站数。

每次观测前均对仪器 $i$ 角进行检查。首次测量采用往返观测，经简易平差求得各点高程作为第一次观测值。以后均采用单程闭合观测，并定期检查基准点，尽可能做到每次观测同路线、同仪器、同人员进行。

第一次测量的观测点高程作为起始高程，以后每次测得的高程与前一次进行比较，差值 $\Delta h$ 即为观该测点的沉降量。高程测量和计算过程中取位至 0.01mm，沉降量取位至 0.1mm。

## 五、注意事项

1）沉降观测依据的基准点、工作基点和被观测物上的沉降观测点，点位要稳定。
2）所用仪器、设备要稳定。
3）观测人员要稳定。
4）观测时的环境条件基本一致。
5）观测路线、镜位、程序和方法要固定。

## 六、上交资料

沉降观测点位布置图、沉降观测记录手簿（表 16）、$h$–$t$ 沉降观测曲线图。

表 16　沉降观测记录手簿

| 工程名称 | | | | | | 水准点编号 | | | | | | | | | |
|---|---|---|---|---|---|---|---|---|---|---|---|---|---|---|---|
| 水准点所在位置 | | | | | | 水准点高程 | | | | | | | | | |
| 观测起止日期 | | | | | | 观测性质 | | | | | | | | | |
| 工程地点 | | | | | | | | | | | | | | | |
| 测量仪器 | | | 仪器名称： | | | | | 检定证书编号： | | | | | | | |

| 沉降观测结果 | 观测点编号 | 观测点相对标高/m | 第　　次 | | | 第　　次 | | | 第　　次 | | | 第　　次 | | | 第　　次 | | |
|---|---|---|---|---|---|---|---|---|---|---|---|---|---|---|---|---|---|
| | | | 年　月　日 | | | 年　月　日 | | | 年　月　日 | | | 年　月　日 | | | 年　月　日 | | |
| | | | 标高/m | 沉降量/mm | | 标高/m | 沉降量/mm | | 标高/m | 沉降量/mm | | 标高/m | 沉降量/mm | | 标高/m | 沉降量/mm | |
| | | | | 本次 | 累计 | | 本次 | 累计 | | 本次 | 累计 | | 本次 | 累计 | | 本次 | 累计 |
| | | | | | | | | | | | | | | | | | |
| 工程进度状态 | | | | | | | | | | | | | | | | | |

# 技能训练 20　监测基坑位移

## 一、实训目的

1）掌握基坑顶水平位移监测的方法。

2）掌握基坑顶竖向位移监测的方法。

3）掌握基坑深层土体水平位移监测的方法。

4）掌握基坑周边临近建筑竖向位移监测的方法。

## 二、实训任务

以某基坑为例，采用全站仪、电子水准仪、测微器及测斜仪等仪器，完成基坑位移监测基准点和工作基点布设及监测，基坑顶水平位移监测、基坑顶竖向位移监测、基坑深层土体水平位移监测、基坑周边临近建筑竖向位移监测，设置基坑监测频率及监测数据预警值等，最后形成基坑监测报告。

## 三、仪器工具

1）基坑水平位移检测仪器：0.5″全站仪（校内实习可放宽至 1″）1 套。

2）基坑竖向位移监测仪器：电子水准仪 1 套（校内实习可放宽至自动安平水准仪）、测微器 1 套、水准尺 2 把、尺垫 2 个。

3）基坑深层土体水平位移监测仪器：测斜仪 1 台。

## 四、方法与步骤

### 1. 位移监测基准点和工作基点布设及监测

（1）位移监测基准点和工作基点的布设

监测基准点和工作基点包括水平位移监测基准点及工作基点和竖向位移监测基准点及工作基点，可以分开布设，也可以一起布设。

监测基准点应埋设在基坑开挖深度 3 倍范围以外不受施工影响的稳定区域，或利用已有稳定的施工控制点，不应埋设在低洼积水、湿陷、冻胀、胀缩等影响范围内，拟布设JZ1、JZ2、JZ3 三个基准点和 JZ4 一个工作基点。埋设方法如图 21 所示。

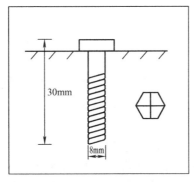

图 21　位移监测基准点埋设

（2）位移监测网监测方法

水平位移监测网可采用 GPS 加精密导线测量方法测定各平面位移基准点和工作基点，将整个基坑平面监测坐标系统与地方坐标系统统一。基准点和工作基点的监测利用全站仪导线方式进行监测，建立平面控制网。

（3）监测基准网的检测

对于水平位移监测网和竖向位移监测网，应根据实地情况及规范要求应进行定期检测。尤其是工作基点，在每次进行位移监测时必须利用基准点对工作点的稳定性进行检查。

**2. 基坑顶水平位移监测**

（1）水平位移监测点的布设

水平位移监测点可采用自制的直径 20mm 的不锈钢棒，长度为 250mm。一端顶部加工成半球形，并刻十字，且车制与棱镜对应的接头，使得棱镜在监测时直接可卡接在上面，达到强制对中的作用。埋设时在基坑坡顶挖坑，在坑内灌入水泥浆，然后将不锈钢棒插入坑内。

水平位移监测点编号以 W 开始，如 W1、W2 等。

（2）水平位移监测方法

水平位移监测按《建筑变形测量规范》（JGJ 8—2016）二级变形测量要求进行。采用全站仪进行，按极坐标法监测，计算坐标及其两次监测的坐标差确定其位移量。

极坐标法用于位移监测是比较简便且容易实现的方法，它利用了数学中的极坐标原理。如图 22 所示，它是以两已知点为参照方位，测定已知点 $B$ 点到极点 $P$ 的距离、测定已知点 $B$ 与极点 $P$ 连线和两个已知点 $A$、$B$ 连线夹角来求得未知点 $P$ 点坐标的方法。

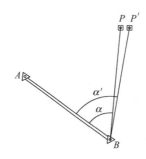

图 22 极坐标法水平位移监测原理图

**3. 基坑顶竖向位移监测**

（1）竖向位移监测点布设

竖向位移监测点可以单独布设，也可以与水平位移点同点位。

竖向位移监测点编号以 C 开始，如 C1、C2…。

（2）竖向位移监测方法

竖向位移监测使用电子水准仪进行监测。

竖向位移监测网按《建筑变形测量规范》（JGJ 8—2016）中等级为二级的变形测量施测要求及精度进行，并做到每次监测同路线、同仪器、同人员。具体执行的各项规定和限差与"沉降基准网监测主要技术要求"相同。

竖向位移监测第一次采用往返监测，经严密平差求得各点高程作为第一次监测值，以后每次监测均采用单程闭合路线。

### 4. 基坑深层土体水平位移监测

（1）深层土体水平位移监测点布设

深层土体水平位移监测点应在基坑开挖1周前埋设测斜管。测斜管可采用钻孔法埋设在紧靠围护墙的土层中，且需穿过不稳定土层至下部稳定地层的垂直钻孔内。测斜管安装如图23所示。深层土体水平位移监测点编号以 CX 开始，如 CX1、CX2 等。

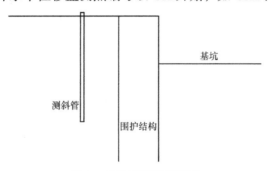

图 23　测斜管安装示意图

（2）基坑深层土体水平位移监测方法

基坑深层土体水平位移监测采用测斜管（图24）进行测量。

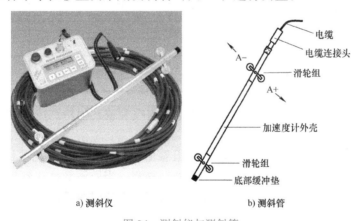

a) 测斜仪　　　　b) 测斜管

图 24　测斜仪与测斜管

测斜仪探头有两组小滑轮，距离相隔 0.5m，将探头放到测斜管底部进行读数时，即开始了测斜管观测。具体观测时，注意：

1）待测斜管处于稳定状态后，测其初始值，一般初始值需测3次，将初次测量的位移数据作为基准点。

2）规定面对基坑方向倾斜为正方向值，背离基坑方向为负方向值，仪器读数值单位为 mm。

3）每次测量时，将探头导轮对准与所测位移方向一致的槽口，缓缓放置管底，待探头与管内温度基本一致、显示仪器读数稳定后开始测量。

4）测孔时，以孔底为基准点，从下往上每间距 0.5m 测一个点，正反方向各测一次，以消除测斜仪自身的误差。

5.基坑周边临近建筑竖向位移监测

（1）竖向位移监测点布设

基坑周边临近建筑布设竖向位移监测点，以建筑物为单位进行编号，以 C 开头加建筑物英文序号编号及位移监测点数字序号编号，如 CA1、CA2…，CB1、CB2…。

（2）竖向位移监测方法

竖向位移监测使用电子水准仪进行监测。

竖向位移监测第一次采用往返监测，经严密平差求得各点高程作为第一次监测值，以后每次监测均采用单程闭合路线。

6.基坑监测频率及监测报警

（1）基坑监测频率

在每个建设项目受基坑开挖施工影响之前，必须测得各项目的初始值。本实习模拟实际工程，工程监测期限为土方开挖至地下工程完成并土方回填。现场仪器监测项目的监测频率见表 17。

表 17　现场仪器监测的监测频率

| 施工进程 | | 基坑顶水平位移监测 | 基坑顶竖向位移监测 | 基坑深层土体水平位移监测 | 基坑周边临近建筑竖向位移监测 |
|---|---|---|---|---|---|
| 开挖深度 /m | ≤3 | 1 次 /2d | 1 次 /2d | 1 次 /2d | 1 次 /4d |
| | 3～8 | 1 次 /1d | 1 次 /1d | 1 次 /1d | 1 次 /3d |
| 底板浇筑后时间 /d | ≤7 | 1 次 /1d | 1 次 /1d | 1 次 /1d | 1 次 /2d |
| | 7～14 | 1 次 /2d | 1 次 /2d | 1 次 /2d | 1 次 /3d |
| | 14～28 | 1 次 /3d | 1 次 /3d | 1 次 /3d | 1 次 /5d |
| | >28 | 1 次 /5d | 1 次 /5d | 1 次 /5d | 1 次 /7d |

具体监测频率可根据现场监测情况而调整，遇报警或其他特殊情况时，可加密监测。

（2）基坑监测报警

本实习模拟实际施工项目设置基坑监测报警值，本基坑工程监测项目报警值见表 18。当监测数据异常时，应分析其原因，必要时进行复测；当监测数据达到报警值时，在分析原因的同时，应预测其变化趋势，并加大监测频率，必要时跟踪监测。

表 18　基坑工程监测项目报警值

| 序号 | 项目 | | | 报警值 | 最小预警值 | 最大预警值 |
|---|---|---|---|---|---|---|
| 1 | 围护墙墙顶位移 | 一般区域（非地铁侧） | 水平 | 3mm/d 连续 2d 以上 | 21mm | 30mm |
| | | | 竖向 | 3mm/d 连续 2d 以上 | 14mm | 20mm |
| | | 重点区域（地铁侧） | 水平 | 2mm/d 连续 2d 以上 | 14mm | 20mm |
| | | | 竖向 | 2mm/d 连续 2d 以上 | 7mm | 10mm |
| 2 | 支护结构、土体深层水平位移 | 一般区域（非地铁侧） | | 3mm/d 连续 2d 以上 | 28mm | 40mm |
| | | 重点区域（地铁侧） | | 2mm/d 连续 2d 以上 | 21mm | 30mm |

## 五、注意事项

1）各期变形监测值应采用相同的测量方法、固定测量仪器、固定监测人员。

2）监测应一气呵成，避免中断。

3）测斜仪宜采用能连续进行多点测量的滑动式仪器。

## 六、上交资料

1）实验报告。

2）基坑位移监测点布置示意图。

3）基坑顶水平位移监测表。

4）基坑顶竖向位移监测表。

5）基坑深层土体水平位移监测成果表。

6）基坑周边临近建筑竖向位移成果表。

# 技能训练 21　GNSS 碎部测量

## 一、实训目的

1）掌握 GNSS 仪基本操作方法。

2）熟悉 GNSS 碎部测量的方法。

3）掌握 GNSS 数据传输的方法。

## 二、实训任务

根据 GNSS 接收机型号，进行新建工程、坐标系设置、设备连接、移动站设置、求转换参数、碎部点测量、碎部点数据的浏览编辑和导出等从数据采集及输出的全套流程，并以某块空旷地块为实习场地，绘制外业实习草图并用 GNSS 接收机实测该场地。

## 三、仪器工具

GNSS 接收机 1 套（包括 GNSS 主机 1 个、对中杆 1 根、基座 1 个、钢卷尺 1 个、配套的接收机手簿 1 个）。

## 四、方法与步骤

以中海达 GNSS 为例，讲解 GNSS 碎部测量的方法，手簿软件为 Hi-Survey。

1. 新建项目

点击"项目"，再点击"项目信息"新建项目，建完单击"确定"。

2. 坐标系设置

以新建西安 80 坐标系为例，新建工程文件后，点击"项目信息"，在"系统"里面，进行自定义坐标系。

1）投影设置。在自定义坐标系里，首先进行投影设置，主要设置"系统名""中央子午线"以及是否"加带号"。

2）基准面设置。基准面设置主要设置源椭球及目标椭球，源椭球选择基站发射查分数据的格式，如千寻位置的 8002 端口对应 WGS84 坐标，源椭球选择"WGS84"；千寻位置的 8003 端口对应 CGCS2000 坐标系，源椭球选择"国家 2000"。

3. 设备连接

手簿开机后，在 Hi-Survey 中，点击"设备"，进入蓝牙连接 GNSS 主机界面，连接 GNSS 主机。

4. 移动站设置

主要进行数据链设置，点击"移动站"，设置"数据链"。数据链一共有四种模式：内置电台、内置网络、外部数据链和手簿差分。

如果采用"手簿差分"模式，则手机需先打开 WiFi 热点，测量手簿连接手机 WiFi。以 CORS 方式测量为例，服务器选择"CORS"，然后输入 IP 地址、端口、源节点、用户名和密码。

### 5. 求转换参数

（1）采集已知控制点 WGS84 坐标

点击测量→碎部测量→对中整平（固定解）→平滑采集，修改点名目标高，保存。保存时注意一定要修改模标高（天线高）。

（2）添加控制点对应已知坐标

点击"坐标数据"添加两个控制点对应的已知坐标。

（3）求转换参数

点击"项目"→"参数计算"，"计算类型"选择"四参数 + 高程拟合"→"添加"。点击计算后出现参数计算结果的界面，仔细检验参数，要求：

1）四参数中旋转接近 0°。

2）四参数中尺度要求无限接近于 1，一般为 0.9999 × × × × 或者 1.0000 × × × × 的数。

### 6. 碎部点测量

采集碎部点坐标，对中整平之后，显示固定解，即可测量。

### 7. 碎部点数据的浏览、编辑和导出

（1）碎部点数据的浏览

所采集的碎部点坐标可以到"项目"→"坐标数据"中查询；"坐标数据"中的"坐标点"坐标只能查看和显示，以及编辑坐标点的"描述"，不允许"添加"或"删除"。

（2）数据的导出

点击"项目"→"数据交换"→选择导出的格式和导出文件名，导出数据时注意选择格式，南方数据格式就选择"*.dat"。用手簿 USB 数据线连接计算机主机，在 PC 端"/ 可移动磁盘 /ZHD/OUT"目录下，将文件复制文件到计算机里。

## 五、注意事项

1）投影设置中中央子午线不能设置错误。

2）采集的坐标点保存时注意设置的杆高数据和实际保持一致。

3）GNSS 两点校正后，可用第三个已知点进行复核。

## 六、上交资料

1）实训报告。

2）外业实习草图。

3）GNSS 碎部测量 DAT 文件。

4）1∶500 地形图一幅（电子版）。

实训任务书

# 技能训练 22　全站仪野外数据采集

## 一、实训目的

1）熟悉全站仪的构造。

2）熟练掌握全站仪的使用。

3）掌握全站仪进行碎部点数据采集。

## 二、实训任务

根据已知图根点坐标，各小组使用全站仪完成某一区域 1：500 比例尺地形图的野外数据采集。

## 三、仪器工具

全站仪（包括电池、充电器）1 台、棱镜觇牌 2 套（箱）、脚架 3 个、棱镜杆 1 根、5m 钢卷尺 1 个、记录板 1 块。

## 四、方法与步骤（以南方 NTS342R5A 全站仪为例）

1）在已知控制点（例如 1 号控制点）上架设全站仪，对中、整平。

2）全站仪界面长按"红色键"开机，选择"项目"，选择"新建项目"，输入项目名称（一般以实训当天的时间命名，例 20221022），选择左下角的"√"（确定键）。

3）选择"建站"，选择"已知点建站"，选择建站右边的"▲"（下拉菜单），选择"新建"，输入点名"1"，输入 1 号控制点坐标 NEZ，例如（1000，2000，50），选择左下角的"√"（确定键）。

4）输入"仪器高"，输入"棱镜高"。

5）选择"后视点"，输入点名"2"（2 号控制点点名），输入 2 号控制点坐标 NEZ，例如（1050，2050，55），全站仪在 1 号控制点处照准 2 号控制点棱镜，选择"设置"，完成后视定向。

6）全站仪界面选择左下角的"×"（返回键），选择"采集"，选择"点测量"，输入"点名"，全站仪望远镜照准棱镜，选择"测存"，进行数据采集。

## 五、上交资料

1）实训报告。

2）外业实习草图。

3）全站仪碎部测量 DAT 文件。

# 技能训练 23　CASS9.1内业成图

## 一、实训目的

1）熟悉 CASS9.1 成图软件的基本功能及使用方法。

2）掌握数据输入、图形编辑、成果输出的整个过程。

3）掌握由原始数据生成图形文件的整个过程。

4）掌握掌握成果的输出方式及格式。

## 二、实训任务

各小组按照技能训练 22 全站仪野外采集的数据，绘制一幅 1：500 的地形图。

## 三、仪器及软件

1）计算机一台（推荐内存 4G 以上）。

2）AutoCAD 2008（2012 版、2018 版）中文版 64 位软件。

3）南方 CASS9.1 成图软件。

## 四、方法与步骤

1）AutoCAD 2008（2012 版、2018 版）安装，点击 setup.exe，安装完毕后，CASS9.1 成图软件安装，点击 setup.exe，按照步骤直至安装完毕。

2）双击桌面 CASS9.1 图标，打开软件，点击"绘图处理"，在下拉菜单栏中选择"展野外测点点号"（根据需要可选择展野外测点代码或点位），进行 .dat 数据导入，依据绘图要求，在命令栏输入比例尺（1：500）。

3）依草图进行 CASS 成图。

①居民地的绘制，在右菜单栏点击"居民地"可选择菜单栏中的各类房屋，例如：一般房屋。右侧菜单栏点击"注记文字"，例如砖 3（表示建筑物为砖结构，3 层），依次把居民地绘制完成。

②交通设施的绘制，在右侧菜单栏点击"交通设施"，可选择菜单栏中各类道路、铁路、桥梁及其附属物，例如"其他道路"，在"其他道路"菜单栏中选择"内部道路"，依草图点号，绘制道路一侧，然后使用"偏移工具"，在命令框中输入偏移的距离及偏移的方向，绘制道路另外一侧，依次把交通设施绘制完成。

③水系设施的绘制，在右侧菜单栏点击"水系设施"，可选择菜单栏中的各类水系，例如"湖泊池塘"，依次把水系设施绘制完成。

④其他地物按上述步骤进行绘制。

4）图幅整饰，点击"绘图处理"，在下拉菜单栏中选择"任意图幅"，输入图名 ×××，输入"测量员、绘图员、检查员"，图幅尺寸依据测区范围确定，选择"取整到十米"，点击"图面拾取"，然后在 CASS 界面指定图框左下角，完成图幅整饰。

5）出图：用鼠标左键点取"文件"菜单下的"用绘图仪或打印机出图"，选好图纸尺寸、图纸方向之后，用鼠标左键点击"窗选"按钮，用鼠标圈定绘图范围。将"打印比例"一项选为"2：1"（表示满足 1：500 比例尺的打印要求），通过"部分预览"和"全部预览"可以查看出图效果，单击"确定"按钮进行绘图。

## 五、上交资料

一幅 1：500 的地形图（包括 .dwg 格式和 .pdf 格式）。

# 技能训练 24　测量地下管线

## 一、实训目的

1）了解地下管线测量的基本内容。

2）掌握地下管线探测实施过程中控制测量、已有地下管线测量的方法及精度要求。

## 二、实训任务

根据所提供的测区范围进行控制点测量、碎部点测量及管线图的编绘。

## 三、仪器及软件

1）全站仪 1 套、脚架 1 个、棱镜 2 个、三角板 1 个、计算器 1 个。

2）GNSS 接收机 1 套（包括 GNSS 主机 1 个、对中杆 1 根、基座 1 个、钢卷尺 1 个、配套的接收机手簿 1 个）。

3）CASS 成图软件或者相关管线成图软件 1 套。

## 四、方法与步骤

（1）控制点测量

1）踏勘选点：在提供的测区范围内进行踏勘，并根据测区范围和测图要求确定布网方案进行选点，使各级控制点的密度能覆盖整个测区，点位确定后，用红油漆在地上做下标记。

2）测量方法：利用已知一级控制点，布设 1 个 GPS 环，采用静态 GPS 接收机观测，同步观测时间平均约 45min，平均重复设站数为 1.71>1.6。基线解算和平差采用随机软件在微机上进行，同步环环线全长相对闭合差最大为 13.8ppm<30ppm，最弱基线相对中误差为 1/11258（<1/10000），最弱点位中误差为 ±1.3cm（<±2.0cm）。

（2）碎部点测量

根据测区实际状况，选择 GNSS 或全站仪进行地物平面形状的特征点，如房角、道路交叉口及独立地物的中心点等。

重点对分支管线点、弧形管线点、井室地物点、变径点、管沟（道）进行碎部测量，对直线段中没有特征点的点位确定时，应按照《城市地下管线探测技术规程》（CJJ 61—2017）的规定，在管线主轴线上定位。

（3）图形编辑输出

将野外采集的碎部点数据，导入成图软件，经过人机交互编辑，生成管线图。

## 五、上交资料

1）一份 DAT 格式数据。

2）一幅地形图。

3）一幅管线图。